小跳豆
Jumping Bean
幼兒趣味英語
貼紙遊戲書

新雅文化事業有限公司
www.sunya.com.hk

來拍照

豆豆們來到遊樂場。請你觀察下面豆豆們的影子，然後從貼紙頁找出正確的豆豆貼紙，貼在相配的影子上。

獎勵貼紙

Happy Wonderland Tour

Crunchie

Shinie

Bouncie

Candie

Doc

Rockie

Naughtie

Chubbie

Happie

Grumpie

豆豆的名牌

豆豆們都要掛上名牌。請你看看名牌上的名字，然後從貼紙頁找出正確的豆豆貼紙，貼在空格裏。

Happy Wonderland Tour

Bouncie

Happy Wonderland Tour

Candie

Happy Wonderland Tour

Crunchie

Happy Wonderland Tour

Chubbie

Happy Wonderland Tour

Grumpie

Happy Wonderland Tour

Doc

Happy Wonderland Tour

Shinie

Happy Wonderland Tour

Rockie

Happy Wonderland Tour

Naughtie

Happy Wonderland Tour

Happie

射球遊戲

豆豆們在玩射球遊戲。請你根據每位豆豆說出的
生字，用線把正確圖片跟豆豆們連起來。

eye

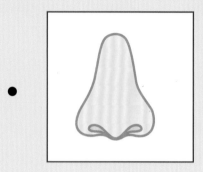

mouth

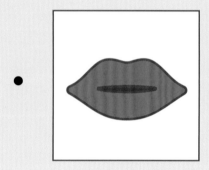

nose

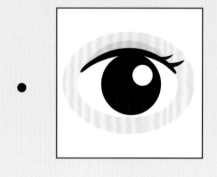

ear

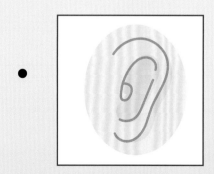

拉繩子

豆豆們各拿着一條繩子。請你用手指沿着每條繩子
走,看看繩子的另一端是什麼,然後從貼紙頁找出
生字貼紙,貼在各豆豆下面的空格裏。

彩色旗子

豆豆們在拉彩旗。請你看看旗子的另一端是什麼物品，然後在每組旗子中找出物品的名稱，並把旗子塗上顏色。

e.g.

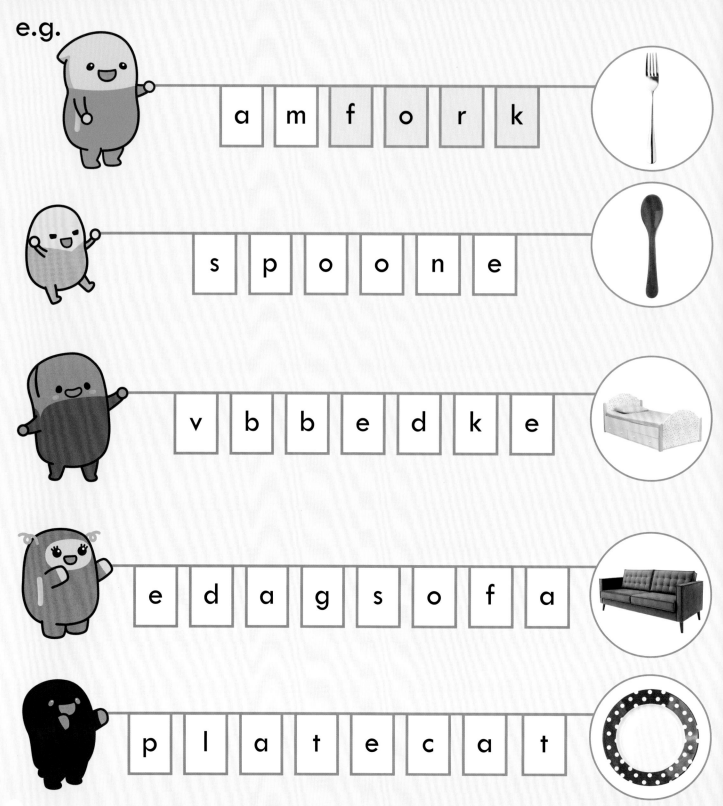

| a | m | f | o | r | k |

| s | p | o | o | n | e |

| v | b | b | e | d | k | e |

| e | d | a | g | s | o | f | a |

| p | l | a | t | e | c | a | t |

填字遊戲

跳跳豆和糖糖豆在玩填字遊戲。請你看看牌上的生字和小圖的提示，在方格裏填上正確的英文字母。

bread　biscuits　cake　jam

jelly　lemon　mango

c

→

↓ b r

→

↓

e l

e

u a

→

n o

→

s

塗色挑戰

豆豆們在玩塗色遊戲。請你看看豆豆們手中的卡片，然後把圖畫塗上正確的顏色。

a green button

a yellow sock

a blue jacket

a red scarf

an orange hat

轉輪盤

豆豆們在玩轉輪盤遊戲。請你看看轉盤上的英文字母可以組成什麼生字，然後把生字寫在橫線上。

1.

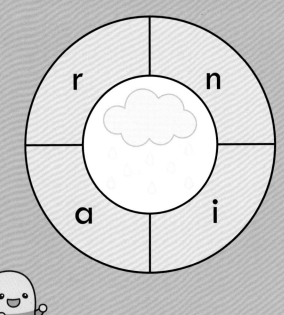

2.

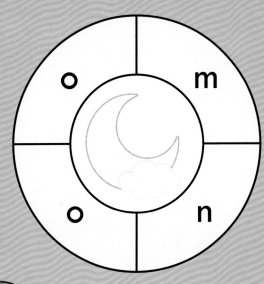

3.

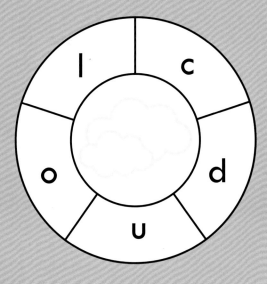

4.

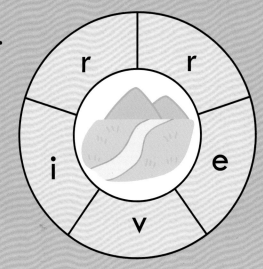

變變變

豆豆們去看魔術表演。每頂帽子上都有一個英文生字，請你根據生字從貼紙頁找出正確的物品貼紙，貼在帽子上方。

pencil

ruler

towel

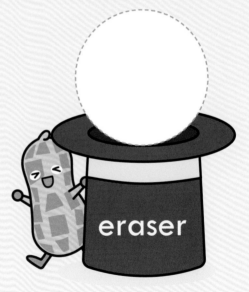

eraser

book

crayons

買食物

獎勵
貼紙

豆豆們想去買食物。請你根據以下食物的提示,在下圖中圈出 6 種食物的名稱。

a	m	e	i	h	o	t
p	i	z	z	a	k	o
h	a	n	d	m	l	a
o	m	a	n	b	u	s
t	y	o	g	u	r	t
d	r	u	k	r	b	c
o	r	a	n	g	e	d
g	e	m	i	e	o	j
s	y	p	x	r	m	b

挑戰 11

豆豆們的最愛

豆豆們肚子餓了。請你看看他們喜歡吃什麼，然後從貼紙頁找出正確的食物貼紙，貼在空格裏。

獎勵貼紙

I like ice cream.

I like spaghetti.

I like cheese.

I like salad.

I like potatoes.

I like chocolate.

到哪裏去

獎勵
貼紙

豆豆們在看地圖。請你根據地圖上各地點的名稱，從
貼紙頁找出正確的場地貼紙，貼在空格裏。

zoo

lake

toilet

playground

castle

restaurant

走走逛逛

跳跳豆、糖糖豆和小紅豆在附近遊逛。請你沿着路線走，途中會經過什麼地方？ 請你順序把地點名稱寫在空格裏。

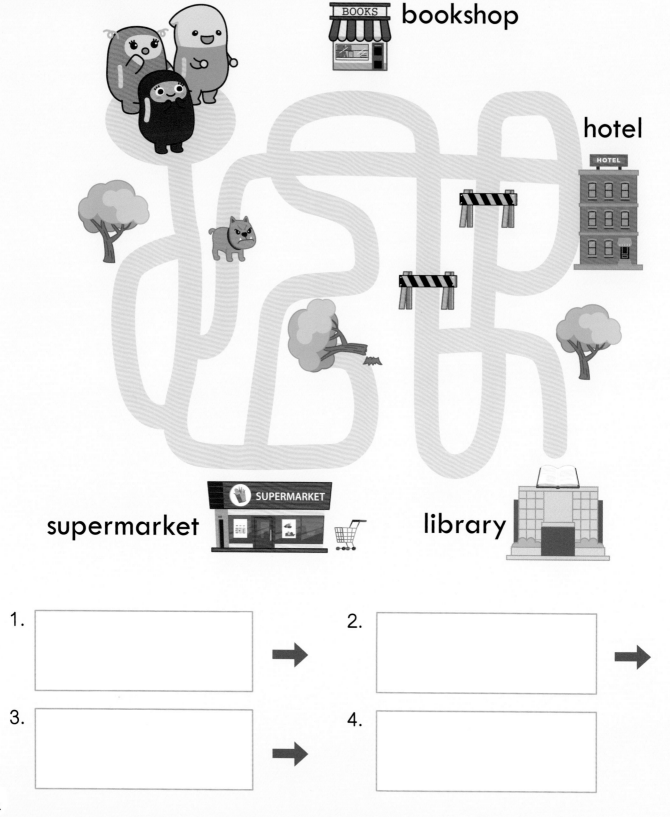

bookshop

hotel

supermarket

library

1. ⬜ ➡

2. ⬜ ➡

3. ⬜ ➡

4. ⬜

字詞解謎

博士豆和脆脆豆來到解謎室。請你把左邊每幅圖畫的第一個英文字母寫在橫線上，看看組成什麼生字，然後把右邊跟生字相配的圖畫塗上顏色。

1.

__b__ __o__ _____

2.

_____ _____ _____

3.

_____ _____ _____ _____

4.

_____ _____ _____ _____

挑戰 15

猜動物

火火豆和皮皮豆去玩猜動物遊戲。請你觀察下面各圖，從貼紙頁找出另一半的動物貼紙，貼在正確的位置，然後在橫線上寫上牠們的名稱。

獎勵貼紙

1.

It is a _____ .

2.

It is a _____ .

3.

It is a _____ .

4.

It is a _____ .

動物捉迷藏

有些動物躲起來了，豆豆們要把牠們找出來。請你把每組英文字母重新排列成一種動物的名稱，寫在橫線上，然後找出正確的動物貼紙貼在空格裏。

獎勵
貼紙

e e p l h n a t
_____

l o i n
_____

m n o y k e
_____

c r d o c o l i e
_____

f g i r a f e
_____

角色扮演

豆豆們穿上了不同的職業服飾。他們在扮演什麼行業的人？請你把正確的答案塗上顏色。

獎勵貼紙

1. I am a | nurse | teacher | .

2. I am a | driver | doctor | .

3. I am a | chef | fireman | .

4. I am a | teacher | postman | .

5. I am a | policeman | postman | .

6. I am a | fireman | postman | .

電動遊戲

豆豆們去玩電動遊戲。請你看看他們坐在什麼交通工具上，然後從貼紙頁找出正確的交通工具名稱貼紙，貼在空格裏。

1. This is an _____ .

2. This is a _____ .

3. This is a _____ .

在公園區

跳跳豆、糖糖豆和脆脆豆在公園區休息。他們看見
什麼？請你在橫線上寫上正確的生字。

five   birds   flowers   two   nine   ladybirds

1. There are _____ frogs in the park.

2. There are _____ trees in the park.

3. There are _____ bees in the park.

4. There are six _____ in the park.

5. There are eight _____ in the park.

6. There are seven _____ in the park.

遇上茄子老師

跳跳豆和糖糖豆遇上了茄子老師。他們向茄子老師問好。請你從以下 3 句中選擇合適的語句，填寫在對話方塊內的橫線上，以完成句子。

A How are you **B** thank you **C** Good afternoon

_____ ,

Miss Eggplant.

_____ ,

Bouncie and Candie.

_____ ?

I am fine,

_____ .

挑戰 21

時間大考驗

胖胖豆和火火豆來到時間屋，裏面有不同的時鐘。
請你按照鐘面上的時間，把正確的生字貼紙貼在
空格裏。

獎勵
貼紙

It is [ ] o' clock.

It is [ ] o' clock.

It is [ ] o' clock.

It is [ ] o' clock.

It is [ ] o' clock.

光影遊戲

豆豆們來玩光影遊戲。請你看看下面的影子，然後從貼紙頁找出正確的物品貼紙，貼在相配的影子上，並把缺去的英文字母填在橫線上。

1.

I see a moon ___ ___ ___ ___ .

2.

I see a b___ ___ ___y lantern.

3.

I see a Christmas t ___ ___ ___ .

挑戰 23

豆豆的表演

豆豆們來到表演區。請你看看豆豆們在做什麼，然後圈出正確的答案。

獎勵貼紙

1.

I can jump / swim .

2. I can dance / sing .

3. I can draw / read .

4. I can write / run .

動詞大比拼

其他豆豆也在做不同的動作。請你看看他們在做什麼，
然後把正確的動詞塗上顏色。

1.

smile	cry

2.

drink	eat

3.

read	sing

4.

talk	sleep

5.

walk	run

6.

stand	sit

挑戰 25 畫圖比賽

獎勵
貼紙

博士豆、脆脆豆和小紅豆發現了一間創作室。請你閱讀下面的句子，然後在空格裏畫下相關的物品。

1. I want to draw a thick book.

2. I want to draw a blue ship.

3. I want to draw a big red balloon.

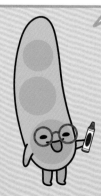

挑戰 26 句子挑戰賽

豆豆們在創作句子，請你看看圖畫，然後把正確的生字圈起來。

獎勵
貼紙

1. Bouncie likes swimming / running .

2. Candie likes cakes / flowers .

3. Shinie likes sleeping / drawing .

4. Doc likes reading / cooking .

5. Crunchie likes singing / laughing .

6. Grumpie likes his teddy bear / rabbit .

7. Happie likes drawing / laughing .

8. Rockie likes sun-bathing / swimming .

9. Naughtie likes talking / running .

10. Chubbie likes eating / singing .

拼句子

皮皮豆和哈哈豆來到積木室。他們要把句子重組。請你看看每組積木,然後把完整句子寫在橫線上。

1. feel　happy　I

　　_____ .

2. I　wash　hand　my

　　_____ .

3. live　in　I　Kowloon

　　_____ .

4. I　go　to　bus　school　by

　　_____ .

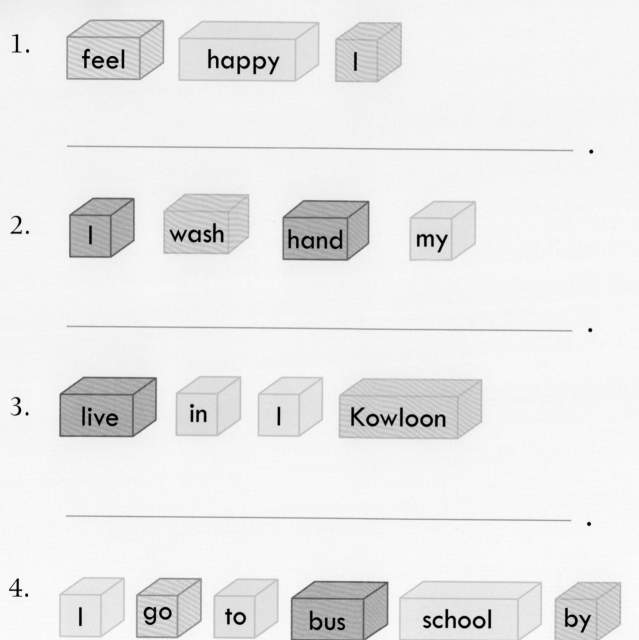

快樂日記

晚上，跳跳豆寫下今天發生的快樂事情。請你看看圖畫，幫他完成這篇日記。

Sunday   **10ᵗʰ July, 2022**

It was a _____ ☀ day. The weather was good.

I went to the Happy Wonderland with_____ 🟤 ,

_____ , _____ , _____ ,

_____ , _____ , _____ ,

_____ and _____ .

We played lots of _____ and ate lots of

_____ . We met _____ too.

We had a great time!

挑戰 1

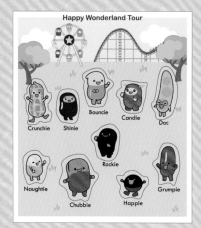

挑戰 2

挑戰 3

挑戰 4

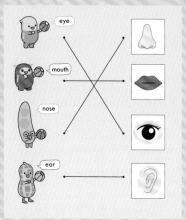

挑戰 5

挑戰 6

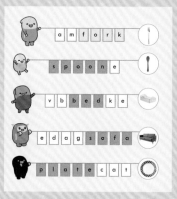

挑戰 7

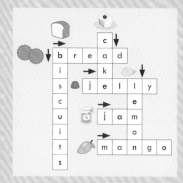

挑戰 8　1. rain　2. moon　3. cloud　4. river

挑戰 9

挑戰 10

a	m	e	i	h	o	t
p	i	z	z	a	k	o
h	a	n	d	m	l	a
o	m	a	n	b	u	s
t	y	o	g	u	r	t
d	r	u	k	r	b	c
o	r	a	n	g	e	d
g	e	m	i	e	o	j
s	y	p	x	r	m	b

挑戰 11

I like ice cream.

I like spaghetti.

I like cheese.

I like salad.

I like potatoes.

I like chocolate.

挑戰 12

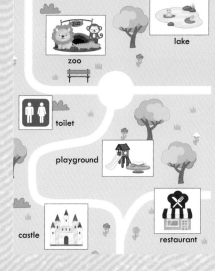

zoo

lake

toilet

playground

castle

restaurant

挑戰 13　1. supermarket　2. bookshop
3. hotel　4. library

挑戰 14

1. b o y
2. h a t
3. t r e e
4. b a l l

挑戰 15

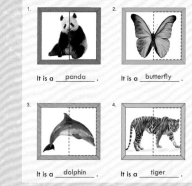

1. It is a ___panda___ .
2. It is a ___butterfly___ .
3. It is a ___dolphin___ .
4. It is a ___tiger___ .

挑戰 16

e e p l h n a t
elephant

l o i n
lion

m n o y k e
monkey

c r d o c o l i e
crocodile

f g i r a f e
giraffe

挑戰 17

1. nurse　teacher
2. driver　doctor
3. chef　fireman
4. teacher　postman
5. policeman　postman
6. fireman　postman

挑戰 18　1. This is an　aeroplane　.

2. This is a　bus　.　3. This is a　train　.

挑戰 19

1. There are __five__ frogs in the park.
2. There are __two__ trees in the park.
3. There are __nine__ bees in the park.
4. There are six __birds__ in the park.
5. There are eight __flowers__ in the park.
6. There are seven __lodybirds__ in the park.

挑戰 20

Good afternoon, Miss Eggplant.

Good afternoon Bouncie and Candie.

How are you?

I am fine, thank you.

挑戰 21

It is __one__ o' clock. It is __three__ o' clock. It is __four__ o' clock.

It is __ten__ o' clock. It is __eleven__ o' clock.

挑戰 22

1. I see a moon c a k e.
2. I see a b u n n y lantern.
3. I see a Christmas t r e e.

挑戰 23

1. I can jump. 2. I can sing.
3. I can draw. 4. I can run.

挑戰 24

1. smile   2. eat   3. read
4. sleep   5. walk   6. sit

挑戰 25（略）

挑戰 26

1. swimming   2. flowers
3. drawing   4. reading
5. singing   6. rabbit
7. laughing   8. sun-bathing
9. running   10. eating

挑戰 27

1. I feel happy.
2. I wash my hand.
3. I live in Kowloon.
4. I go to school by bus.

挑戰 27

Sunday   10th July, 2022

It was a __sunny__ day. The weather was good.

I went to the Happy Wonderland with __Candie__,

__Shinie__, __Crunchie__, __Doc__,

__Naughtie__, __Grumpie__, __Happie__,

__Chubbie__ and __Rockie__.

We played lots of __games__ and ate lots of

__food__. We met __Miss Eggplant__ too.

We had a great time!

小跳豆幼兒趣味英語貼紙遊戲書
編　　寫：新雅編輯室
繪　　圖：李成宇
責任編輯：趙慧雅
美術設計：李成宇
出　　版：新雅文化事業有限公司
　　　　　香港英皇道 499 號北角工業大廈 18 樓
　　　　　電話：（852）2138 7998
　　　　　傳真：（852）2597 4003
　　　　　網址：http://www.sunya.com.hk
　　　　　電郵：marketing@sunya.com.hk

發　　行：香港聯合書刊物流有限公司
　　　　　香港荃灣德士古道 220-248 號荃灣工業中心 16 樓
　　　　　電話：（852）2150 2100
　　　　　傳真：（852）2407 3062
　　　　　電郵：info@suplogistics.com.hk
印　　刷：中華商務彩色印刷有限公司
　　　　　香港新界大埔汀麗路 36 號
版　　次：二〇二二年十月初版
版權所有‧不准翻印

ISBN: 978-962-08-7963-0
© 2022 Sun Ya Publications (HK) Ltd.
18/F, North Point Industrial Building, 499 King's Roa
Hong Kong
Published in Hong Kong, China
Printed in China

本書部分照片由 Shutterstock.com 許可授權使用：
p.5,6,16 及貼紙頁